Ma baby encyclopédie Larousse

L'Univers

Texte : **Valérie Guidoux**
Illustrations : **da - fanny**

Larousse Jeunesse

Tout autour de toi

L'**univers**, c'est tout ce qui nous entoure.
Ça commence tout près, une flaque d'eau, un jardin, une rue...

En marchant, en roulant, en volant, en naviguant...,
on peut aller loin, très loin, **toujours plus loin**.

La **Terre** où nous vivons est si grande que même en voyageant, personne ne peut la connaître tout entière. Pourtant, elle n'est qu'une toute petite partie de l'univers...

Le jour, au soleil

De bon **matin**,
le Soleil est par ici.

À **midi**,
le Soleil est en haut.

Le **soir**,
le Soleil est par là…

Tout le jour, nous vivons à la **lumière** et à la **chaleur** du Soleil.
À l'ombre, il fait plus sombre, il fait plus frais.

Le **Soleil brille** si fort qu'on ne peut pas le regarder sans se brûler les yeux. Que vois-tu dans le ciel ?

La nuit, dans le noir

Voici la nuit : plus de Soleil ! La lumière qui nous éblouissait s'est retirée, et soudain, dans l'ombre, l'**univers** apparaît...

Maintenant, que vois-tu dans le ciel ? Tout ce qui est visible la nuit est présent le jour aussi. Mais le jour, on ne le voit pas !

À la fin, la nuit s'éclaire, le jour revient, et **tout recommence**, comme une ronde. Sais-tu pourquoi ?

Un jour, la Terre tourne

Voici la Terre, notre planète.
Elle est **ronde** comme un ballon.

Et voici le Soleil,
notre étoile, qui l'**éclaire**.

D'un côté de la Terre, c'est le **jour**.
Le Soleil est visible.

De l'autre côté, à l'ombre,
c'est la **nuit**. Le Soleil est caché.

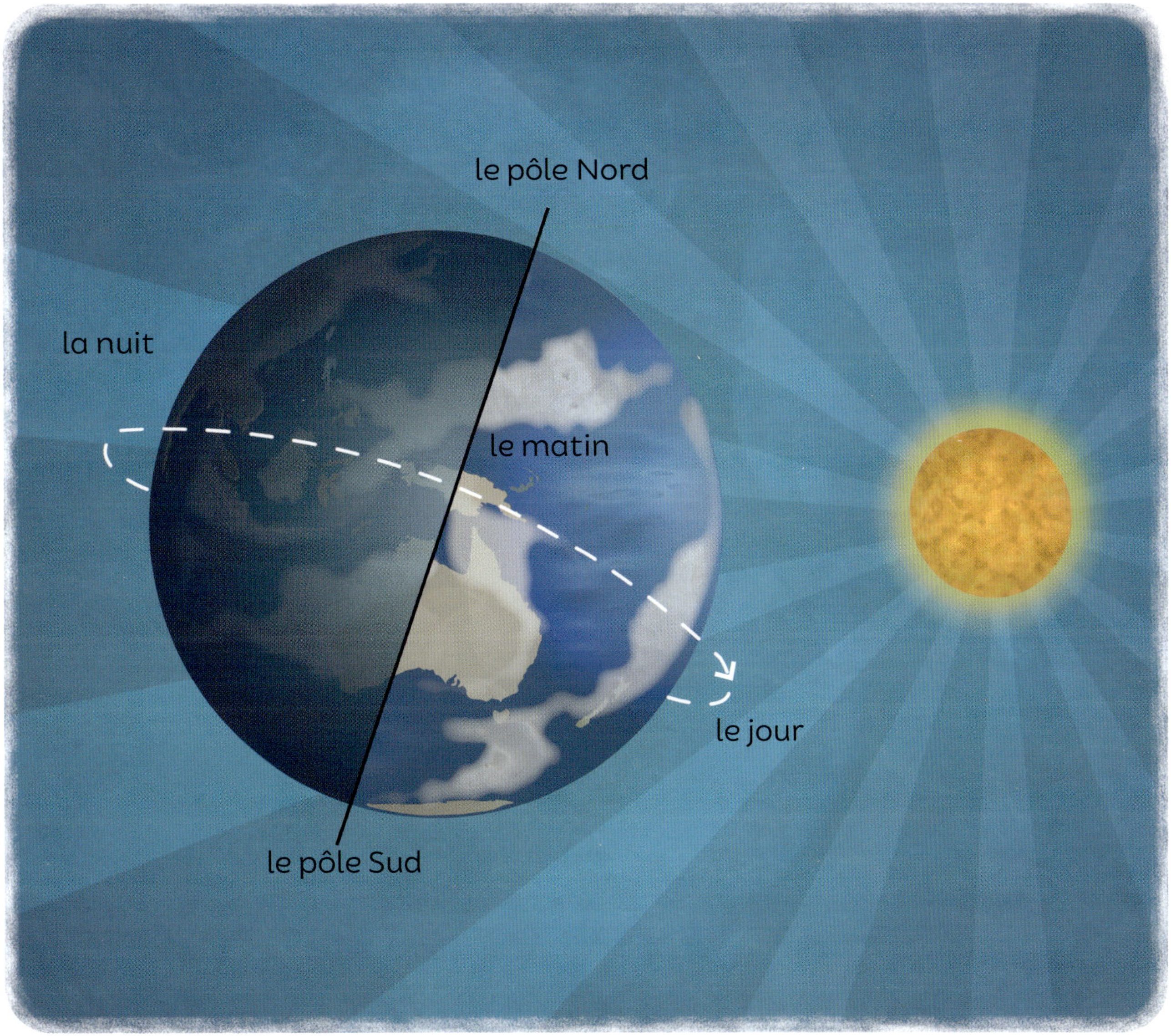

La Terre **tourne** sur elle-même, en 24 heures, comme une toupie :
c'est pourquoi nous sommes tantôt le jour, tantôt la nuit.

Un mois avec la Lune

Voici la **Lune**, notre voisine. Ce petit astre brille car le Soleil l'éclaire.
Mais, pas toujours de la même façon.

Ainsi, nuit après nuit, elle change d'**apparence**...

elle se déplace... ... elle disparaît... ... la revoici.

On la voit plus ou moins à l'ombre ou au soleil, mais on la reconnaît.
Presque **un mois**, c'est le temps qu'elle met pour tourner autour de la Terre.

Un an autour du Soleil

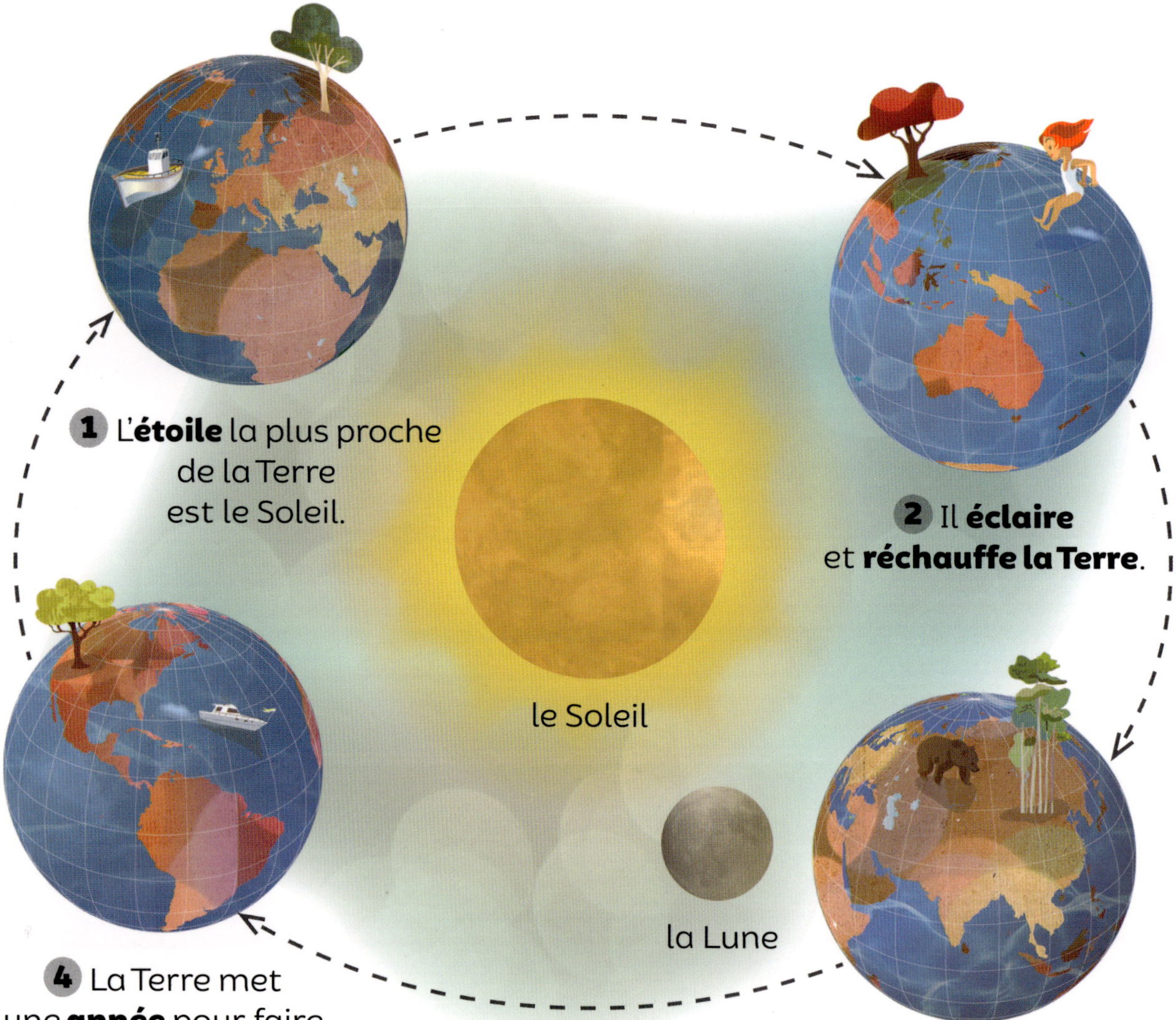

1 L'**étoile** la plus proche de la Terre est le Soleil.

2 Il **éclaire** et **réchauffe la Terre**.

3 La Terre **tourne autour** du Soleil accompagnée par la Lune.

4 La Terre met une **année** pour faire ce grand tour dans l'espace.

Pendant ce temps, selon la position de la Terre par rapport au Soleil, il fait plus ou moins chaud, la lumière change, les **saisons** passent. Chez nous, il y a quatre saisons, les connais-tu ?

Les planètes

Huit planètes tournent autour du Soleil. C'est nous les humains qui, en observant le ciel, avons donné des noms aux planètes et aux étoiles.

L'air, l'eau, les plantes, les animaux, **la vie**, c'est le **trésor de la Terre**.
Notre planète est-elle la seule à être habitée dans l'univers ?
Peut-être qu'il y a de la vie ailleurs, très loin, mais on ne le sait pas...

Le ciel étoilé

Voici des **étoiles**. Elles brillent comme notre Soleil, mais elles sont si éloignées qu'elles semblent toutes petites.

As-tu vu l'**étoile filante** ? Cet objet brillant n'est pas une étoile. C'est juste un caillou de l'espace qui brûle en passant très près de la Terre, à toute vitesse.

À l'œil nu on distingue quelques centaines d'étoiles dans le ciel, mais il en existe **des milliards de milliards**, encore plus loin.

Tout bouge

Regarde bien le ciel, la nuit.
Tout a l'air **tranquille**.

Pourtant, tout est en **mouvement**
dans l'univers.

Les scientifiques observent l'espace
avec des **télescopes** pour voir loin…

… et avec des **ordinateurs** pour
calculer ce qu'ils ne peuvent pas voir…

Quelques hommes sont allés sur la Lune, à bord d'une **fusée**.
De là-haut, ils ont vu la Terre...

Toi, sur Terre

Dans l'univers, sur la **planète Terre**…

… près d'une **rivière**…

… sur une **montagne**…

… ou au bord de la **mer**…

…quelque part, te voici. Ton **univers** commence ici.

L'ombre de l'arbre qui bouge au fil des heures, c'est la Terre qui tourne, c'est le Soleil qui brille, c'est la nuit qui va revenir et c'est l'**univers** tout entier **qui t'entoure**.

À toi de jouer !

❶ Pareil, pas pareil !

Les astronautes apparaissent tous en double sauf un. Lequel ?

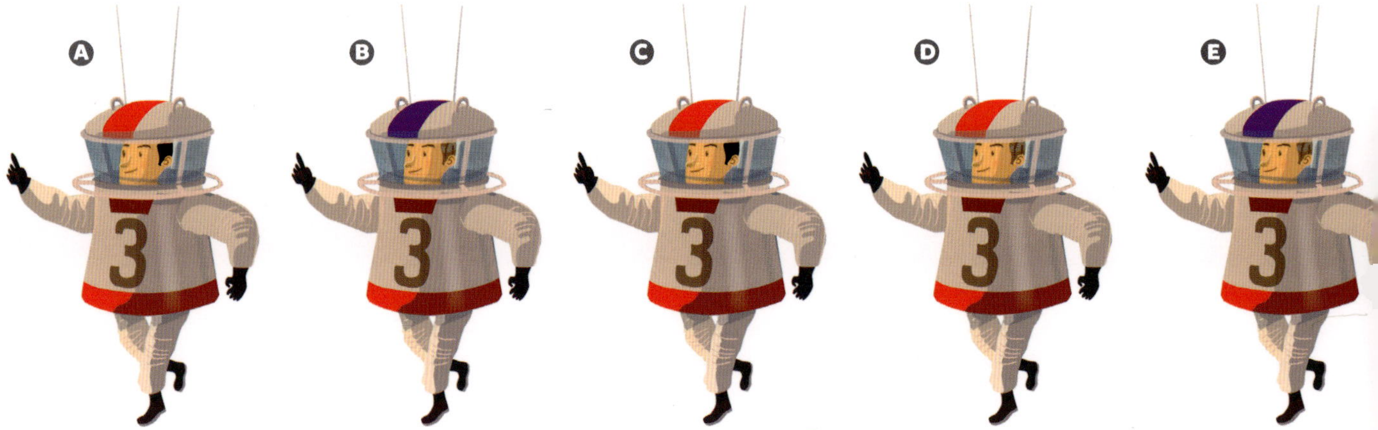

Réponse : L'astronaute D.

❷ Quel fil doit suivre la fusée pour aller sur la Lune ?

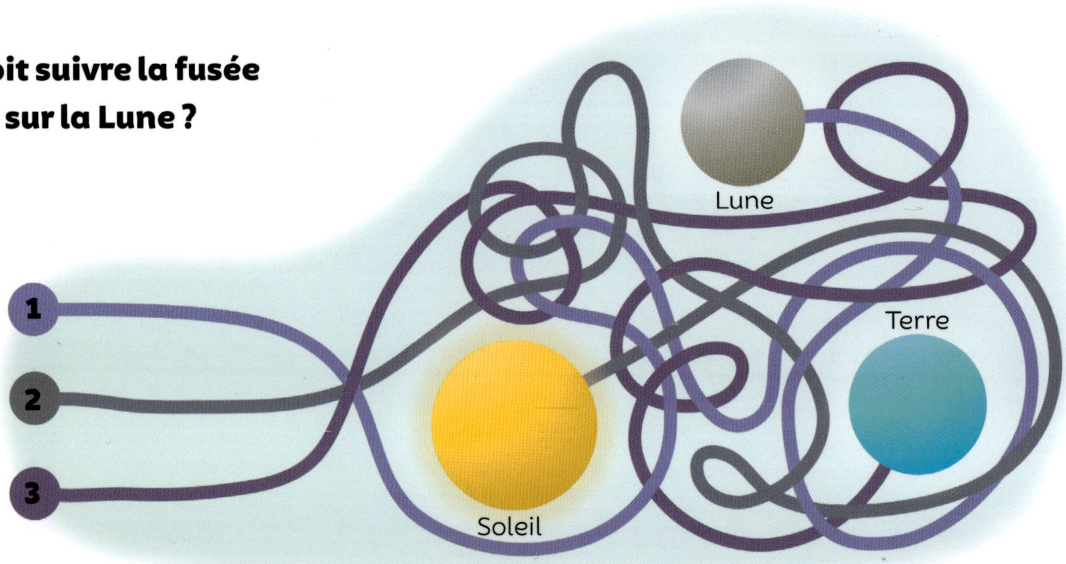

Réponses : Le fil 1 mène à la Lune ; le fil 2 mène au Soleil ; le fil 3 mène à la Terre.

❸ Promenade au soleil !

Retrouve les deux pièces de puzzle manquantes.

A

B

C

D

Réponse : Les pièces A et D.

Dans la même collection :

Direction de la publication : Sophie Chanourdie
Édition : Magali Marquet et Anne Létoré
Mise en pages : Christelle et Bertrand Defretin, Sylvie Fécamp
Fabrication : Ombeline Canaud

21, rue du Montparnasse – 75006 Paris
ISBN : 978-2-03-598457-9
Photogravure : Irilys – Paris 13^e
Imprimé en RPC
Dépôt légal : octobre 2013
324843-01/11042765 - octobre 2019